ELEMENTOS QUÍMICOS

La tabla periódica

Los objetos casi infinitas y materiales que nos rodean están hechas de un número limitado de elementos químicos . Sabemos hoy que 91 existen de forma natural en la Tierra. Comienzan con hidrógeno que se formó poco después el universo comenzó a existir . El otro 90 fueron hechas ya sea por reacciones nucleares que tienen lugar en el núcleo de las estrellas ardientes o por las explosiones catastróficas llamadas supernovas que a veces se producen cuando las estrellas mueren. Varios más elementos están hechos artificialmente en los laboratorios.

Cada elemento se comporta de manera diferente y tiene propiedades diferentes de todos los demás. Un sistema de organización de la información acerca de las propiedades químicas de los elementos y los compuestos químicos que forman es esencial. La tabla periódica moderna se basa principalmente en el trabajo del químico ruso Dmitri Mendeleyev , cuya tabla publicada en 1869 colocan los elementos de las filas horizontales de acuerdo con su peso con una fila debajo de la otra de manera que todos los elementos con propiedades similares cayeron en columnas verticales . En el siglo 20 , con el conocimiento adquirido acerca de la estructura del átomo , la manera correcta de ordenar los elementos fue descubierto y la actual tabla periódica fue formulado .

Los átomos formados por protones , neutrones y electrones son componentes básicos de los elementos. Físico Inglés Henry Moseley demostró que lo que determina el comportamiento de cada elemento es su número atómico , el número de protones en su núcleo , no su peso atómico que es una medida del número total de protones y neutrones en el núcleo . La forma correcta de ordenar los elementos en la tabla periódica era , por tanto, por su número atómico . Aunque los átomos de un elemento dado tienen el mismo número de protones que pueden tener diferente número de neutrones . Estos se llaman isótopos y su existencia explica por qué el peso atómico es un indicador poco fiable de la posición de un elemento en la tabla periódica.

Los elementos están dispuestos en el orden de sus números atómicos en filas llamados períodos. Moviéndose de izquierda a derecha en un período , no hay transición de los elementos que son los metales a los que son no metales. Las columnas verticales de la tabla periódica se denominan grupos . Todos los elementos dentro de un grupo tienen propiedades químicas similares y se refieren a veces como familias de elementos .

¿POR QUÉ LOS ELEMENTOS DE UN GRUPO TIENE COMPORTAMIENTO QUÍMICO SIMILAR

El número atómico determina el número de electrones cargados negativamente están contenidos en los átomos de un elemento en particular y es la estructura de los electrones en órbita alrededor del núcleo que determinan cómo los elementos reaccionan uno con el otro . Esta distribución de los electrones en la valencia , o exterior , la cáscara del átomo están expuestos a otros átomos cuando reaccionan . Elementos cuyas conchas valencia estén llenos son extremadamente estables y parecen reaccionar con casi nada más . Aquellos con cáscaras incompletas tenderá a reaccionar con otros átomos en una manera que completarán estas conchas . Los átomos con configuración similar valencia -shell tienen propiedades químicas similares . Elementos en el mismo grupo de la tabla periódica tienen el mismo número de electrones de valencia .

La tabla periódica es, pues, un mapa de la forma en que los electrones se disponen en los átomos de un elemento en particular . La capacidad de predecir el comportamiento químico de un elemento sobre la base de la fila y la columna en la que se encuentra hace que la tabla periódica una herramienta valiosa referencia para los practicantes de la ciencia .

HIDRÓGENO
Número atómico : 1
Símbolo químico: H
Grupo: 1A

El hidrógeno no consiste en nada más que un solo protón , que sirve como su núcleo , rodeada por un solo electrón . Su simplicidad ayuda a explicar por qué es , con mucho, el elemento más abundante , constituyendo el 93% de todos los átomos en el universo. El hidrógeno es un gas que no tiene olor o sabor , es completamente incoloro y extremadamente flammable.The combinación de hidrógeno con oxígeno produce su compuesto más común , water.Hydrogen también está contenido en compuestos orgánicos , compuestos biológicos presentes en los organismos vivos , en los perfumes , colorantes , pesticidas, ADN y proteínas ! La lista sigue y sigue !

HELIO
Número atómico : 2
Símbolo químico: Él
Grupo VIII A- Los gases nobles

Al igual que todos los gases nobles , el helio es incoloro e odourless.Together hidrógeno y helio forman un sorprendente 99,9 % de los elementos en el universo . Su nombre proviene de la " helios " griega que significa el "sol" . El helio del sol se produce por la fusión de hidrógeno . Esta reacción proporciona la energía que el sol irradia en el espacio . El helio tiene una baja densidad y es por lo tanto útil en los dirigibles y globos de juguete para su flotabilidad en air.Astrnomers usar el líquido extremadamente frío procedente del helio para eliminar el "ruido" térmica por lo que es más fácil y más confiable para recibir los datos de las galaxias distantes .

LITIO
Número atómico : 3
Símbolo químico: Li
Metales del Grupo IA - El álcali

El litio metálico es extremadamente reactivo y se combina con el aluminio para formar baja densidad, estructuralmente sólida aleación utilizada en los aviones y las naves espaciales . También se usa como un terminal positivo o ánodo en pequeñas pilas usadas en cámaras, marcapasos y calculadoras. Hidróxido de litio es un purificador de aire muy eficiente. Absorbe el CO_2 del aire para formar carbonato de litio. El litio tiene la capacidad de calor más alto de cualquier elemento. Esta propiedad hace que el material de transferencia de calor ideal y está siendo utilizado en los reactores nucleares experimentales para absorber el calor producido por la fisión de uranio . En la medicina carbonato de litio y citrato de litio son conocidos como estabilizadores del estado de ánimo muy eficaz en la enfermedad maníaco - depresiva.

BERILIO
Número atómico : 4
Símbolo químico: Sea
Grupo IIA -Los metales de tierras alcalinas

En su forma pura , berilio es una luz, bastante duro, de metal blanco - gris. Como todos los metales que componen el grupo de tierra alcalina , es demasiado químicamente reactivo que se encuentran en su estado libre . Depósitos del mineral de berilio se distribuyen en Brasil , Argentina y los EE.UU. . Los cristales de berilio son conocidos por su exquisita apariencia. Tanto esmeralda y aguamarina son de origen natural formas preciosas de este mineral. Berilio jugó un papel clave en el descubrimiento del neutrón en 1932 y sigue siendo útil en investigaciones sobre los núcleos atómicos.

BORO
Número atómico : 5
Símbolo químico: B
Grupo III A

El boro es un elemento duro, quebradizo , no metálico . Por lo general, se une con el oxígeno , el agua y de sodio en un compuesto llamado bórax que se utiliza como un agente de limpieza y ablandador de agua . Cuando se ablanda el agua , el magnesio y el calcio son reemplazados con sodio relativamente inofensivos y potasio . Otro compuesto de boro es bórico aced utilizado industrialmente para hacer Pyrex , un vidrio resistente al calor especial que se utiliza en las cocinas . ' Barras ' Boro son cruciales en la utilización de los reactores nucleares. Ellos se pueden reducir en un reactor para absorber neutrones controlando de esta manera la energía que es producida por el reactor .

CARBON

Número atómico : 6
Símbolo químico : C
Grupo IV A

Carbono representa sólo el 0,09% de la corteza terrestre en masa, sin embargo, es el elemento más esencial para la vida en nuestro planeta. Carbon debe su posición central en el mundo orgánico a la capacidad de sus átomos de vincularse con otros átomos de carbono para formar cadenas largas que son ya sea lineal o ramificada. Una de esas moléculas de cadena larga en el ADN encontrado en el material genético de todos los seres vivos . Los elementos pueden existir en varias formas naturales llamados alótropos . El carbono se encuentra en las formas alotrópicas de grafito , el carbón y el más espectacular de diamantes.

NITRÓGENO

Número atómico : 7
Símbolo químico : N
Grupo V Un

El nitrógeno carece de cualquier propiedad estimulación sentido y estamos constantemente respirando en grandes cantidas como inhalamos aire. Domina los gases en la atmósfera de la tierra que componen alrededor del 78 % en volumen. Formas de nitrógeno cientos de miles de compuestos que son cruciales para la agricultura y la industria el más importante de los cuales es el amoníaco. En su forma gaseosa , el nitrógeno se utiliza a menudo en situaciones en las que es importante mantener otros gases atmosféricos , más reactivos de distancia . Por ejemplo , para evitar la oxidación del vino , botellas de vino son a menudo lleno con nitrógeno después se retira el corcho .

OXÍGENO

Número atómico : 8
Símbolo químico : O
Grupo VI Un

Existe oxígeno en la atmósfera , en el agua y en la corteza terrestre en una enorme variedad de rocas y minerales. Es esencial para la vida y parte de cada molécula biológica en nuestros cuerpos. Aunque muchos procesos naturales consumen oxígeno , es constantemente repuesta por la fotosíntesis en las plantas así continuamente consumidos y continuamente se están produciendo . El químico Inglés Joseph Priestley se le atribuye el descubrimiento del oxígeno . Se calienta un óxido de mercurio , y señaló que el gas que despedía causó la vela para quemar con una llama muy brillante. El gas era oxígeno !

FLUOR
Número atómico : 9
Símbolo químico : F

Grupo VII A- Los halógenos
El flúor es el más pequeño, más ligero y el halógeno más reactivo . Todos los átomos en este grupo se combinan fácilmente con los metales para formar sales . En muchas partes del mundo, el fluoruro de sodio se añade a los suministros públicos de agua . La investigación ha demostrado que pequeñas cantidades de flúor pueden retardar el desarrollo de las caries en los dientes . En presencia de hidrógeno , flúor quema con fuerza explosiva producir fluoruro de hidrógeno, que cuando se disuelve en el agua forma ácido fluorhídrico . Es extremadamente peligroso. Sin embargo , se utiliza para disolver vidrio y se utiliza para grabar el diseño de objetos de vidrio .

NEÓN
Número atómico : 10
Símbolo químico : Ne
Grupo VIII A- Los gases nobles

Neon como todos los gases nobles es monoatómico . Los letreros de neón familiares en escaparates y restaurantes contienen gas de neón que se ilumina cuando se activa por una descarga eléctrica . Cuando esto sucede , los átomos de neón en el gas emiten radiación en forma de luz de color rojo anaranjado . Diferentes gases se utilizan para producir señales de diferentes colurs . Cada gas cuando se excita irradia su propio color característico. Neón comercial se produce en las plantas de licuefacción de aire . Debido a que el neón tiene un punto de ebullición de -229 grados centígrados , lo que queda como residuo después de que el nitrógeno y el oxígeno más volátiles han evaporado !

SODIO
Número atómico : 11
Símbolo químico : Na
GRUPO IA -Los metales alcalinos

El sodio es un metal plateado brillante luz extremadamente reactivo suficiente para flotar en el agua y lo suficientemente suave para ser cortado con un cuchillo . Es una parte de muchos compuestos importantes que se encuentra ampliamente distribuido por toda la tierra . El cloruro de sodio , el nombre químico de la sal de mesa se extrae en grandes cantidades a partir de los depósitos de sal naturales. El bicarbonato de sodio comúnmente conocido como el bicarbonato de sodio se utiliza para hacer productos horneados lugar cuando se calientan o pastelería crecer la masa cuando se hornea . También se utiliza para neutralizar el exceso de acidez de estómago y como un agente en los extintores de incendios .

MAGNESIO
Número atómico: 12
Símbolo químico : Mg
Grupo II A- Los metales de tierras alcalinas

El magnesio está presente en cantidades tan grandes en el agua de mar que los océanos del mundo contienen un suministro casi ilimitado de material disuelto . Su gran ventaja es que es muy ligero , que también lo hace ideal para la fabricación de automóviles y de aeronaves , herramientas eléctricas , cajas de cortadoras de pasto y las bicicletas de carreras. El magnesio también es importante para una nutrición adecuada en los seres humanos debido a que es esencial para el buen funcionamiento de varias enzimas . También juega un papel crucial en la conformación de las clorofilas verdes presentes en todas las células de las plantas verdes.

ALUMINIO
Número atómico : 13
Símbolo químico : Al
Grupo III A

Generalmente se encuentran en la naturaleza combinado con el oxígeno , el aluminio es el metal más abundante en la corteza terrestre . Es conductor de peso ligero y buena de la electricidad , dos propiedades que lo hacen un ingrediente ideal para una amplia gama de productos . Es un excelente reflector de radiación y se utiliza para diversos tipos de antenas , reflectores de calor, y espejos solares . Más allá de estas otras propiedades , el aluminio es bastante reactivo. Se forma una capa de óxido que le impide reacciones adicionales con el medio ambiente por lo que se considera generalmente resistente a la corrosión . El aluminio también es no tóxico , inodoro e insípido .

SILICIO
Número atómico : 14
Símbolo químico: Si
Grupo IV A

Los compuestos de silicio unido químicamente con el oxígeno forman la mayor parte de los de la tierra de arena, roca y suelo . Hoy silicio constituye la base de la industria de la microelectrónica . El uso de chips de silicio en los circuitos impresos ha hecho posible que la disminución de tamaño habitación ordenadores en los que pueden descansar en su regazo. El compuesto de silicio más importante es la sílice que existe en dos formas - cuarzo y pedernal . Pequeñas joyas y piedras semi -preciosas son cristales de cuarzo con impurezas coloreadas . La sílice se utiliza en la producción de vidrio . Cerámica y siliconas son otras clases importantes de compuestos a base de silicio .

FÓSFORO
Número atómico : 15
Símbolo químico : P
Grupo VA

El fósforo fue descubierto por el médico Hennig Brand en 1669. Se destila el residuo de orina y reducía obtiene algo que brillaba en la oscuridad y se incendió en el aire caliente . El fósforo y la emisión de luz todavía están vinculados en el fenómeno conocido como la fosforescencia . Sulfuro de zinc es el material fosforescente que emite destellos de luz cuando son golpeados por electrones que se mueven rápido. Este efecto sobre el revestimiento de televisión tubo produce la imagen de televisión . Casi todos los de fósforo utilizados comercialmente es hacer que el ácido fosfórico. Su uso principal es en la producción de fertilizantes de suelo sin fósforo es estéril . Comúnmente se encuentran en dos formas , es decir rojo y amarillo , el primero se utiliza para hacer los fósforos de seguridad .

AZUFRE
Número atómico : 16
Símbolo químico : S
Grupo VI Un

El azufre es un no metal reactivo que se encuentra en la naturaleza, tanto en su estado libre y en forma de menas y minerales ampliamente distribuidos. Algunos minerales comunes de azufre son es decir yeso sulfato de calcio y pirita a menudo conocido como el " oro de los tontos " . Además de su importancia en la fabricación de fertilizantes artificiales , la conservación de alimentos , el blanqueo de textiles y limpieza de metales , compuestos de azufre tienen cientos de otros usos en la recuperación de metales a partir de minerales , lo que hace de caucho , detergentes, pinturas y tintas, y las fibras sintéticas. De hecho el nivel de desarrollo industrial de un país está determinada por su consumo per cápita de azufre .

CLORO
Número atómico : 17
Símbolo químico : Cl
Grupo VII A- Los halógenos

El cloro es un gas diatómico verde amarillento venenoso. La inhalación de incluso una pequeña cantidad puede causar daño pulmonar grave. La toxicidad del cloro hace que sea un excelente desinfectante para piscinas y fuentes de agua. Un compuesto importante de cloro es cloruro de hidrógeno , un gas que se disuelve en agua para producir ácido clorhídrico . El ácido clorhídrico está presente en el jugo gástrico del estómago donde se necesita para activar de digestión de proteínas . Grandes cantidades de cloro se han utilizado para producir insecticidas . Muchos se han prohibido recientemente , ya que son considerados como contaminantes del medio ambiente .

ARGÓN
Número atómico : 18
Símbolo químico : Ar
Grupo VIII A- Los gases nobles

En 1894 , el argón se convirtió en el primer gas noble para ser descubierto. Sus aplicaciones comerciales hacen uso de su falta de reactividad. El argón es el producto de la desintegración de un importante radioisótopo utilizado para fechar muestras de roca , técnica de potasio - 40.El se llama de potasio-argón de citas. El potasio tiene una media vida inusualmente larga de 1250 millones años y está presente en muchas de las rocas . Cuando el potasio 40 se desintegra , se transforma en argón. En consecuencia , se puede determinar la edad de una roca mediante la determinación de la cantidad de argón está presente . Las rocas más antiguas de la tierra han sido determinados por este método como 3800 millones años de edad.

POTASIO
Número atómico : 19
Símbolo químico: K
Grupo IA Los metales alcalinos

El potasio es extremadamente reactivo , por lo tanto no se encuentra en su estado libre en la naturaleza. Se encuentra en el agua de mar , aunque en cantidades más pequeñas que el sodio , su equivalente químico . El potasio es esencial para el crecimiento de la planta tanto de la de potasio en minerales disueltos se toma por las plantas antes de alcanzar el mar . Un isótopo natural de potasio es potssium - 40.Human cuerpo contiene 140 gramos de potasio . Desde la abundancia de potasio - 40 es de 0,012 por ciento , todos estamos parcialmente hechos de este isótopo reactivo. Es un importante contribuyente a nuestra dosis de por vida de la radiación

CALCIO
Número atómico : 20
Símbolo químico: Ca
Grupo II A- Los metales alcalinos Tierra

El calcio es un ingrediente importante para una amplia gama de organismos vivos . Dientes y huesos humanos contienen calcio y órganos marinas construyen sus conchas de carbonato de calcio. Cal , un compuesto de calcio es un producto químico industrial esencial . Uno de sus primeros usos fue en iluminación teatral . Cuando la cal se calienta a una temperatura alta , emite una intensa luz blanca azulada . Fue utilizado en el siglo 19 para iluminar los actores que dan lugar a la frase " en el centro de atención. " Probablemente el uso moderno más importante de cal es en la producción de hierro a partir de sus minerales .

ESCANDIO
Número atómico : 21
Símbolo químico: Sc
Grupo III B Primera fila de elementos de transición

Escandio encabeza los primeros elementos de transición fila. Todos son bastante metales no reactivos y muchos son extremadamente peligrosos. El escandio es un metal muy ligero con un punto de fusión relativamente alto y muestra una buena resistencia a la corrosión. Estas propiedades han hecho que sea de gran interés para la industria aeroespacial para la construcción de un avión. Escandio forma pocos compuestos útiles . El metal en sí se ha encontrado algún uso en dispositivos electrónicos , tales como lámparas de alta intensidad que producen luz con un valor de color similar a la luz natural. Lámparas de este tipo se utilizan a menudo para iluminar los estadios de fútbol .

TITANIO
Número atómico : 22
Símbolo químico : Ti
Elemento de transición del Grupo IV B Primera Fila

De titanio en su estado puro es un metal que es fácil de trabajar y muy dúctil o capaz de ser convertido en alambre . A pesar de su poco peso , es inusualmente fuerte y prácticamente inmune a los tipos habituales de la fatiga del metal . También tiene una extraordinaria resistencia a la corrosión de manera que tiene todas las propiedades necesarias para que sea un material ideal para los motores a reacción y cohetes. El compuesto más importante es el dióxido de titanio con una sustancia intenso color blanco brillante que se utiliza como un pigmento para pinturas , papel y plástico .

VANADIO
Número atómico : 23
Símbolo químico : V
Grupo VB primera fila de elementos de transición

El vanadio es un metal brillante brillante que es bastante suave y extremadamente resistente a la corrosión . Un profesor mexicano de saber mineralogía Andrés Manuel del Río descubrió el vanadio en 1801. Más tarde fue nombrado después de la diosa escandinava Vanadis debido a sus muchos compuestos de bellos colores . Alrededor del 80 % del vanadio producido en los EE.UU. entra en la fabricación de acero .

CROMO
Número atónica : 24
Símbolo químico : Cr
Grupo VI B Primera fila de elementos de transición

El cromo fue nombrado de la palabra griega ' chroma ', que significa color. El hermoso color de muchas preciosas gemas - el rojo de rubíes , el verde característico de las esmeraldas - se debe a la presencia de trazas de cromo. El metal se extrae generalmente de cromita , un óxido de cromo que es su mineral más importante . Cuando se expone al aire , cromo forma un óxido invisible que hace que sea extremadamente resistente a la corrosión y muy útil tanto como un recubrimiento decorativo y protector sobre otros metales tales como latón , bronce y acero . El cromo también se utiliza para producir acero inoxidable.

MANGANESO
Número atómico : 25
Símbolo químico : Mn
Grupo VII B Primera fila de elementos de transición

El manganeso es un metal de color blanco grisáceo duro que parece y tiene muchas propiedades similares al hierro . Adición de manganeso al acero hace que sea inusualmente duro y resistente a los golpes. Tal inoxidable es ideal para su uso en cañones de fusil , bóvedas bancarias, vías de ferrocarril y equipos de movimiento de tierra. El manganeso también añade dureza , fuerza y resistencia a la corrosión de aleaciones de aluminio y de magnesio . El permanganato de potasio compuesto tiene un color púrpura que a veces se ve en cristal antiguo . Aunque los fabricantes de vidrio ya no usan manganeso, su capacidad para dar color a los objetos se utiliza para iluminar la cerámica y la alfarería.

HIERRO
Número atómico : 26
Símbolo químico : Fe
Grupo VIII B Primera fila de elementos de transición

El hierro es probablemente el metal más común en la sociedad humana . Si estamos usando un destornillador o andar en coche o un tren, la importancia y la utilidad del hierro como material estructural es evidente. El interior de la tierra conocida como núcleo está hecho de hierro fundido. La capacidad de refinar el metal sirvió como un hito importante en el desarrollo humano se conoce como la Edad de Hierro (1000 aC). Su descubrimiento llevó a las herramientas y armas que eran más duras y más duraderas que las de la Edad de Bronce . Hoy más que 90 % de todos los metales refinados es hierro .

COBALTO
Número atómico : 27
Símbolo químico : Co
Grupo VIII B Primera fila de elementos de transición

Un mineral importante de cobalto es cobaltita . El metal puro se obtiene mediante el tueste de este mineral . El nombre viene del cobalto ' kobold ' alemán, que se refiere a un espíritu maligno. Mineros menudo se dice que los accidentes que ocurren en la mente fueron causadas por ' kobold ' . El cobalto se añade al acero para mejorar su resistencia a la corrosión . Cuando cobalto es mezclado con tungsteno y cobre , forma de Stellite , un metal que retiene su dureza a altas temperaturas lo que es ideal para los taladros de alta velocidad y los instrumentos de corte . Como cobalto hierro se magnetiza fácilmente . La sustancia magnética potente conocido como la aleación de acero es una aleación de cobalto , aluminio y níquel .

NIQUEL
Número atómico : 28
Símbolo químico : Ni
Grupo VIII B Primera fila de elementos de transición

El níquel se añade con frecuencia a otros metales tales como el hierro y el acero para formar aleaciones resistentes a la oxidación . Nicrom el metal utilizado para hacer los elementos de calefacción en tostadoras y hornos eléctricos es una aleación de cromo y níquel . La alta resistencia eléctrica de nicromo combinada con su alto punto de fusión hace que sea un material muy eficiente para convertir la electricidad para calentar . Un uso importante del metal está en las baterías de níquel -cadmio. Esta batería es recargable que hace que sea especialmente útil en las calculadoras , computadoras y máquinas de afeitar eléctricas inalámbricas.

COBRE
Número atómico : 29
Símbolo químico : Cu
Grupo IB primera fila de elementos de transición

Un uso familiar de agua en las tuberías que llevan el agua a la cocina. Debido a que el cobre es uno de los mejores conductores de electricidad , cables de cobre son ampliamente utilizados para transmitir energía eléctrica desde las centrales eléctricas para los hogares, oficinas , fábricas y otros edificios y de las tomas de corriente de los aparatos eléctricos. El cobre fue utilizado una vez para hacer botones de las chaquetas de uniformes para los policías de ahí el ' cobre ' coloquial para la policía. Latón , una aleación de cobre y zinc, tiene una amplia variedad de usos, desde el hardware hasta el zinc.

CINC
Número atómico : 30
Símbolo químico : Zn
Grupo I B Primera fila de elementos de transición

En su estado puro , el zinc es un , quebradizo , metal plateado duro. Es relativamente resistente a la corrosión y rápidamente forma un recubrimiento de óxido duro que le impide reaccionar adicionalmente con el aire . En el proceso llamado de galvanización , una capa de cinc se recubre sobre el acero para evitar la corrosión . El metal tiene muchos otros usos . Uno de los más importantes es en la pila seca común. Desde 1981, el zinc se ha desempeñado como jefe de metal en la moneda EE.UU. . El zinc también se combina con el cobre para formar latón .

GALIO
Número atómico : 31
Símbolo químico : Ga
Grupo III D Enviar Metales de Transición

El galio es un metal muy suave con un punto de fusión muy bajo y un punto de ebullición muy alto de 2.403 grados centígrados . El rango de temperaturas a las que el galio es líquida es el más grande de cualquier metal conocido . Esto lo hace útil para los termómetros especiales de alto grado. Hasta hace poco se conocían algunas aplicaciones prácticas de galio. Esto cambió rápidamente con el descubrimiento de que el arseniuro de galio podría funcionar como un diodo láser y convertir la electricidad directamente en luz láser. Diodos emisores de luz se utilizan en una variedad de relojes y jugadores AUTODISC .

GERMANIUM
Número atómico : 32
Símbolo químico : Ge
Grupo IV un metaloide

El germanio es un elemento sólido de color gris oscuro relativamente raro. Nunca se encuentra en estado puro en la naturaleza , pero se combina con el oxígeno. Germanio se llama un semi- conductor . La adición de una pequeña cantidad de impurezas aumenta en gran medida su capacidad para conducir la electricidad . Germanio « dopado » se utiliza para fabricar transistores que están en el corazón de la industria de la electrónica de estado sólido. Con dopaje decenas de miles de transistores ahora se puede formar en un pequeño chip de germanio que en efecto se convierte en un pequeño ordenador . Estos materiales han hecho posible la revolución en la miniaturización de la electrónica.

ARSÉNICO
Número atómico : 33
Símbolo químico : Como
Grupo VA metaloide

El arsénico es un sólido cristalino sólido frágil a temperatura ambiente . En la forma de óxido arsenioso es un veneno bien conocido . Se utiliza como herbicida e insecticida . El arsénico como veneno se ha capturado la imaginación de muchos escritores del crimen. Antes de los recientes avances en técnicas forenses , era imposible de detectar en el cuerpo de la víctima. Aunque un veneno, compuestos de arsénico se han utilizado con fines medicinales , así , el más conocido '606 ser ' ideado por Paul Ehrlich como una cura para la sífilis.

SELENIO
Número atómico : 34
Símbolo químico : Se
Grupo VI un metaloide

Minerales de cojinete selenio son demasiado escasos para ser explotado de forma rentable. Debido a que el metaloide se encuentra en la compañía de cobre y azufre , casi todo el selenio se recupera como un subproducto de descanso de refinación de cobre y la fabricación de ácido sulfúrico . El selenio existe en dos formas de color rojo y gris . Selenio Gray es un fotoconductor lo que significa que a pesar de un mal conductor de la electricidad normalmente , se hace y excelente conductor en presencia de luz. Esto hace que el selenio valioso como un sensor de luz en la robótica y fotómetros .

BROMO
Número atómico : 35
Símbolo químico : Br
Grupo VII A los halógenos

El bromo es un líquido rojizo con un olor acre . Su nombre se deriva de los bromos griegas que significan hedor. El bromo se encuentra en el agua de mar , las minas de sal subterráneas y pozos de salmuera profundas. Un uso importante de bromo es en la producción de un aditivo de la gasolina llamado bromuro de etileno . Este compuesto elimina los aditivos de plomo después de la combustión de gasolina impidiendo la formación de depósitos de plomo . El bromo es extremadamente tóxico y quema la piel . Por otra parte sus vapores nocivos pueden dañar la nariz y la garganta .

KRYPTON
Número atómico : 36
Símbolo químico : Kr

Grupo VIII A Los gases nobles

En 1933 Linus Pauling desafió la idea de que los gases nobles son químicamente inertes. La existencia del compuesto predijo de criptón y flúor se confirmó en 1966 . Krypton es un insípido incoloro gas inodoro , totalmente inofensivo . Su principal uso es en las luces de neón ' "que son una parte del paisaje moderno. Cuando sellado en un tubo de vidrio y se somete a una descarga eléctrica , criptón produce un color violeta pálido usado para luces de la pista del aeropuerto y de aproximación . Krypton también se utiliza mezclado con xenón en alta intensidad, lámparas de flash fotográficos corto de exposición o las luces estroboscópicas.

RUBIDIO
Número atómico : 37
Símbolo químico : Rb
Grupo IA Los metales alcalinos

El rubidio es un metal plateado suave , altamente reactivo que se quema espontáneamente cuando se expone al aire . También reacciona violentamente con el agua dando grandes cantidades de hidrógeno que estalla inmediatamente en llamas a causa del calor generado por la reacción . El rubidio es demasiado reactivo de existir como metal puro en la naturaleza y algunos minerales de cojinete de rubidio son conocidos . Rubidio tiene poco valor comercial. El metal fue descubierto en 1861 por los químicos alemanes Robert Bunsen y Gustav Kirchhoff . Identificaron por líneas espectrales como impureza entre muchos metales alcalinos que estaban investigando .

ESTRONCIO
Número atómico : 38
Símbolo químico : Sr
Grupo IIA Los metales de tierras alcalinas

El estroncio tiene poco uso comercial y sus compuestos han encontrado una aplicación limitada en la industria. Dado que sales de estroncio tales como el carbonato de estroncio emiten un color rojo característico cuando se queman , se utilizan en las erupciones precaución de la carretera y en los fuegos artificiales . Uno de los isótopos de estroncio, Sr- 90 es un producto radiactivo por las explosiones nucleares y pueden contaminar grandes áreas de medio ambiente a través de la lluvia de la atmósfera. Desde el estroncio 90 se produce siempre que el uranio se somete a la fisión , los operadores de los reactores nucleares deben estar constantemente en guardia para evitar su liberación accidental al medio ambiente.

ITRIO
Número atómico : 39
Símbolo químico : Y

Grupo III B Transición Element

El itrio se encuentra en pequeñas cantidades en la corteza terrestre , pero las rocas traídas desde la Luna tuvo un inesperado alto contenido de itrio. Cuando su temperatura se reduce a sólo unos pocos grados por encima del cero absoluto , casi todos los metales no muestran resistencia eléctrica alguna . Las temperaturas extremadamente bajas no son prácticos sin embargo. En 1987 los científicos anunció el descubrimiento de un compuesto de óxido de itrio , bario y cobre que se superconductor a 93 grados Kelvin . Otras mezclas de este elemento se están investigando y hay optimismo de que uno de ellos sería llegar a ser una práctica superconductor de alta temperatura.

CIRCONIO
Número atómico : 40
Símbolo químico : Zr
Grupo IV B Transición Element

El zirconio es un metal fuerte, durable . Su capacidad para soportar altas temperaturas hace que sea un ingrediente ideal para materiales resistentes al calor en la nave espacial . El compuesto más conocido de circonio es el circón metal. Se ha conocido desde la antigüedad , e incluso se hace referencia en la Biblia. Se encuentra en una amplia variedad de colores, cuando el cristal se corta y se pule , es considerado como una joya semi preciosa . Circón tiene un muy alto índice de refracción . Debido a esto , sus cristales incoloros tienen un brillo inusual y a veces se utilizan como sustitutos de los diamantes .

NIOBIO
Número atómico : 41
Símbolo químico : Nb
Grupo VB elemento de transición

El niobio metal ha sido importante en la historia de la superconductividad de alta temperatura. Una aleación que consiste en niobio y germanio tiene la capacidad de soportar grandes corrientes que permiten la construcción de imanes superconductores para instrumentos tales como magnética nuclear
Escáneres de resonancia empleados en la medicina de diagnóstico . El niobio se añade al acero para fines especiales . A altas temperaturas de los límites entre los granos pequeños que componen de acero inoxidable se debilitan y se corroen más fácilmente que el resto del acero . La adición de niobio impide que esto suceda permitiendo acero para soportar temperaturas mucho más altas en situaciones de estrés extremo.

MOLIBDENO
Número atómico : 42

Símbolo químico : Mb
Grupo VI B Transición Elemento

El molibdeno es un metal plateado, duro . Bastante grandes yacimientos de molibdenita se encuentran en Colorado, EE.UU. . Acero que contiene molibdeno es muy adecuado para las aeronaves y motores de automóviles de repuesto. Es capaz de resistir cambios de temperatura y presión que tienen lugar constantemente en un motor . Por la misma razón que se utiliza en la fabricación de armas y cañones . Uno de los isótopos radiactivos , el molibdeno -99 se utiliza en los hospitales para generar el tecnecio- 99, que es muy útil para tomar imágenes de órganos internos después de ser tomado internamente .

TECNECIO
Número atómico : 43
Símbolo químico : Tc
Grupo VII B Transición Element

El tecnecio fue el primer elemento que se produce en el laboratorio de otro element.Logically que toma su nombre de las teknetos griegas que significan artificial. Cada isótopo es radiactivo y se desintegra para formar un isótopo de un elemento diferente . Hoy reactores nucleares producen uno de los isótopos más útiles de tecnecio , el tecnecio - 99m . Cuando en inyecta en las venas de un paciente , el isótopo se concentrará en ciertos órganos del cuerpo y su radiactividad se exponga una placa fotográfica que revela cómo esos órganos están funcionando .

RUTENIO
Número atómico : 44
Símbolo químico : Ru
Grupo VIII B Transición Elemento

El rutenio es un elemento raro que por lo general se recupera como un subproducto de la refinación de minerales de platino . Principalmente de rutenio se usa como un catalizador para procesos industriales . Se ha utilizado como catalizador en la obtención de gas de hidrógeno directamente la división de moléculas de agua en lugar de por electrolysis.Rutheniumis también utilizados en el negocio de la joyería como un aditivo de endurecimiento a platino y a menudo se añade al titanio para mejorar su resistencia a la corrosión . Otras aleaciones de rutenio se utilizan en los puntos de la pluma estilográfica y contactos eléctricos especiales.

RODIO
Número atómico : 45
Símbolo químico : Rh
Grupo VIII B Transición Elemento

El rodio es un metal plateado raro , extremadamente duro gris. Fue descubierto por William Wollaston en 1803. Él lo nombró después de la palabra griega rhodon de rosa , porque muchas de las sales tienen color de rosa. Se utiliza en los convertidores catalíticos de automóviles . Los gases de escape son una fuente importante de la contaminación atmosférica. El convertidor catalítico está lleno de pequeñas perlas catalíticas que contienen platino, paladio y rodio , que convierten los gases de escape calientes que pasan a través de ellos en productos inocuos .

PALLADIUM
Número atómico : 46
Símbolo químico : Pd
Grupo VIII B Transición Elemento

El paladio es un metal blanco plateado suave que se asemeja a platino. Es muy maleable y dúctil. Un uso interesante de paladio surgió cuando se determinó por casualidad que era útil en el tratamiento de cánceres mediante la inhibición de la división celular y estaba relativamente libre de efectos secundarios . Con una vida media de sólo 17 días, el isótopo palladium103 puede suministrar dosis potentes de radiación para destruir el cáncer y luego desaparecen después de un poco más de un mes .

SILVER
Número atómico : 47
Símbolo químico : Ag
Grupo IB Transición Element (acuñación Metal)

La plata es uno de los pocos metales que se encuentra en estado libre en la naturaleza y su símbolo Ag viene de argentum palabra latina que significa plata. Ha sido un metal de acuñación desde los tiempos bíblicos tal vez incluso antes. De todos los metales , la plata es el mejor conductor de calor y electricidad . No se utiliza por lo general en el cableado de la casa a causa de los gastos sino que se utiliza ampliamente en la fabricación de equipos electrónicos de alta calidad.

CADMIO
Número atómico : 48
Símbolo químico : Cd
Grupo II B Transición Element

El cadmio se encuentra en este tipo de grandes cantidades de minerales de zinc que en general se considera un subproducto de la refinación de zinc. El principal uso del metal es en galvanoplastia de acero para evitar que la corrosión . Se utiliza con menos frecuencia que el zinc , ya que es menos abundante y tiene una propensión a causar problemas de salud . La capacidad de cadmio para absorber neutrones es de gran importancia en el diseño de las barras de control del reactor nuclear . El cadmio también se utiliza como un pigmento rojo y amarillo en la fabricación de pintura .

INDIO
Número atómico : 49
Símbolo químico : En
Grupo III D Enviar metal de transición

El indio es un raro metal blanco azulado bastante blanda como para dejar huellas de sí mismo cuando se frota vigorosamente contra otros metales. Indio puro tiene pocas aplicaciones comerciales y se utiliza principalmente como una aleación con otros metales. Las aleaciones de indio y plata e indio y el plomo son mejores conductores que la plata o el plomo solo. También han encontrado usos en la fabricación de transistores y células fotoeléctricas . Láminas de indio a menudo se insertan en reactores nucleares para controlar la reacción nuclear . La velocidad a la que estas láminas se vuelven radiactivos sirve como una medida valiosa de las reacciones que tienen lugar .

TIN
Número atómico : 50
Símbolo químico : Sn
Grupo IV D Enviar Metales de Transición

Estaño fue uno de los primeros metales utilizados por los seres humanos. Bronce , una aleación de cobre y estaño fue utilizado en Egipto hace más de 5000 años. Hoy en día se utiliza principalmente como agente de aleación y para hacer la placa de lata que es chapa de acero cubierto con una fina capa de estaño. Debido a que el estaño protege al acero de ácidos de los alimentos , se utilizó la placa de lata para hacer latas de comida, pero ahora ha sido sustituido en gran medida por el plástico y el aluminio. Es uno de los metales más maleables conocidos .

ANTIMONY
Número atómico : 51
Símbolo químico : Sb
Grupo VA metaloide

El antimonio es un duro, frágil , cristalino, de color grisáceo , sólido. Aunque conocido como un metal, que es un muy mal conductor de la electricidad. El mineral que sirve como la fuente primaria es la estibina mineral. Un compuesto negro , fue utilizado en la antigüedad para oscurecer las cejas de las mujeres. Un uso importante para el antimonio es fósforo de seguridad común. La cabeza de la cerilla contiene una mezcla de trisulfuro de antimonio y un agente oxidante tal como el clorato de potasio. El antimonio tiene pocos usos comerciales. Como una aleación que puede aumentar la dureza de muchos metales .

TELURO
Número atómico : 52
Símbolo químico : Te
Grupo VI un metaloide

El telurio es un metaloide de color blanco plateado raro. A diferencia de los metales típicos , es quebradizo y un mal conductor de la electricidad . El telurio es uno de los pocos elementos que se combina con oro . Los compuestos que se llaman formas teluluros de oro y constituyen un componente muy importante de minerales que contienen oro. Telurio a menudo se recupera como un producto en el refinamiento de oro y también de cobre . El principal uso de teluro es como aditivo a los metales tales como el cobre y el acero inoxidable para crear una aleación que es más fácil de mecanizar que el metal original .

YODO
Número atómico : 53
Símbolo químico : I
Grupo VIIA los halógenos

El yodo es un sólido violeta negro que se encuentra en las algas marinas , pozos de salmuera y en el mar . Aunque un veneno , uno de sus usos más comunes es como una tintura solución antiséptica de yodo . Sales de yodo se agregan a la sal de mesa y alimentos para animales. Esto se hace como el yodo es un componente importante de la tiroxina hormona secretada por la glándula tiroides y ayuda a asegurar que las funciones de la glándula correctamente. El yoduro de plata tiene la capacidad de formar enorme número de cristales - tantos como un millón de millones de dólares de un gramo - que actúan como núcleos para la formación de la gota de agua .

XENON
Número atómico 54;
Símbolo químico : Xe
Grupo VIII A Los gases nobles

Xenón existe en la atmósfera sólo en cantidades traza . Al igual que los otros gases nobles que existe como una molécula monoatómico que no tiene olor color o sabor . En 1962 , Neil Bartlett el químico Inglés hizo el primer compuesto de gas noble. Combinó el xenón y el hexafluoruro de platino y para su asombro obtiene un compuesto sólido de color amarillo anaranjado que consistía en moléculas de xenón, platinim y flúor. Hasta la fecha xenón y criptón son los únicos gases nobles conocidos para formar compuestos . Al igual que otros gases nobles , el xenón se utiliza en tubos de descarga eléctrica para producir luz .

CESIO
Número atómico : 55
Símbolo químico : Cs
Grupo IA Los metales alcalinos

De cesio puro es el metal más suave conocida . Su extrema reactividad ha hecho que sea útil en la eliminación de los gases no deseados de los sistemas de vacío , por ejemplo, dentro de un tubo de televisión. El isótopo cesio -133 sirve como medida oficial del mundo de tiempo. El segundo se mide en términos de la radiación emitida por el átomo de cesio 133 cuando es excitado por una fuente de energía externa, en lugar de en términos de la rotación de la tierra alrededor del sol, ya que solía ser. El segundo se describe como el tiempo transcurrido de exactamente 9192531770 vibraciones de la radiación emitida por caesuim - 133 átomo .

BARIO
Número atómico : 56
Símbolo químico : Ba
Grupo IIA Los metales de tierras alcalinas

En la forma de sal soluble , de bario es bastante tóxico . Por otra parte , en formas insolubles que es inofensivo para el cuerpo humano . Los radiólogos utilizan sulfato de bario para examinar el tracto intestinal de un paciente con sulfato Xrays.Barium tiene también una serie de otros usos en función de su baja solubilidad en agua y color blanco. Se utiliza como un blanqueador en placas fotográficas y como carga en papel de escribir, plásticos y fibras artificiales . El bario metálico tiene pocas aplicaciones comerciales debido a su disposición a reaccionar con el oxígeno y la humedad.

LANTANO
Número atómico : 57
Símbolo químico : La
Grupo III B elemento de tierras raras (lantánidos)

El lantano es el primero de la serie rara elemento tierra. Es común encontrar muchos elementos raros mezclados entre sí en un solo mineral . Probablemente el uso más importante de compuestos lantánidos es en la fabricación de los electrodos de las lámparas de alta intensidad de carbono de arco utilizados en proyectores, iluminación de estudio y proyectores cinematográficos . Lantano y sus isótopos se encuentran en los fragmentos que se producen cuando fisiones de uranio . Fue el descubrimiento de los isótopos de lantano , así como los de bario por el químico alemán Otto Hahn que eventualmente conducen a la idea de la fisión nuclear .

CERIUM
Número atómico : 58
Símbolo químico : Ce
Grupo III B Rare Earth Elements (lantánidos)

El cerio debe su nombre al asteroide Ceres cuyo descubrimiento en 1801 causó gran expectación en el mundo científico. La forma metálica pura de cerio no estaba preparada hasta 1875 . Es un metal de color gris de hierro que es muy maleable y dúctil. Compuestos de cerio como los de lantano se utilizan comercialmente para formar electrodos de las lámparas de arco de carbono de alta intensidad . Como un óxido de cerio se utiliza como un aditivo a las paredes de los hornos de auto-limpieza en los que parece para evitar la acumulación de residuos de cocción .

praseodimio
Número atómico : 59
Símbolo químico : Pr
Grupo III B Rare Earth Elements (lantánidos)

Fue descubierto por Carl Auer von Welsbach , un barón austríaco que tenía un interés en la mineralogía. El metal puro es aislado a partir de sus minerales mediante la técnica de intercambio iónico . Un proceso de intercambio se usa para aislar un tipo de iones mediante la sustitución con otro . En uno de tales procesos el ingrediente activo es una resina compuesta de moléculas grandes que tienen una estructura en forma de red . La resina contiene iones móviles mal conectada a la red . Cuando se pasa una solución que contiene los otros iones a través de la resina , que sustituyen a los iones móviles que a continuación se difunden fuera de la red .

NEODYMIUM
Número atómico : 60
Símbolo químico : Nd
Grupo III A elementos de tierras raras (lantánidos)

Es una sustancia magnética que se utilizan para crear algunos de los imanes más potentes del mundo . Los SuperMagnete se conocen como imanes NIB ya que contienen hierro y boro como well.They son tan fuertes que dos pequeños imanes con prensa a ambos lados de la mano de uno sin caer . Un imán de Nd con sólo diámetro medio pulgadas es lo suficientemente fuerte como para responder a los materiales magnéticos en tinta de impresión usada en el papel moneda y se puede utilizar para detectar la falsificación . También se utiliza en gafas de color rosa !

prometeo

Número atómico : 61
Símbolo químico : Pm
Grupo III B Rare Earth Elements (lantánidos)

No hay rastro de prometio se ha encontrado en la corteza terrestre , pero se ha identificado en el espectro de varias estrellas en la galaxia de Andrómeda . Es un elemento raro sintético hecho en los aceleradores nucleares y reactores nucleares . Cuando neodimio se somete a la intensa radiación de neutrones presentes en un reactor , que se convierte en el prometio . 28 isótopos del elemento Hasta ahora se han sintetizado todo ser radiactivos . Muy poco se sabe de las propiedades químicas y físicas de prometio puro.

SAMARIO
Número atómico : 62
Símbolo químico ; Sm
Grupo III B elemento de tierras raras (lantánidos)

Los principales minerales de samario son bastnasita y monacita . Minerales monacita menudo contienen hasta un 50 % de su peso en tierras raras se encuentran en las arenas de los ríos en la India y Brasil, y en la playa de Florida sand.In su forma pura samario tiene un brillo de color blanco plateado y es bastante resistente a la oxidación . Sin embargo , el metal se inflama espontáneamente a temperaturas bajas. Algunos compuestos de este elemento se utilizan para la fabricación de imanes permanentes. Óxido de samario es un excelente absorbente de la radiación de infrarrojos y se añade para este propósito a varios tipos de vidrio y fósforo sensible infrarrojo .

europio
Número atómico : 63
Símbolo químico ; Eu
Grupo III B elemento de tierras raras (lantánidos)

El europio es uno de los más raros de los metales de tierras raras . En 1901 el químico francés Eugene- Anatole Demarcay finalmente aisló una impureza en una muestra de samario - gadolinio que estaba estudiando y se identificó la impureza como un nuevo elemento . Europio blanco puro es bastante suave y plateado . Es muy dúctil y uno de los más reactivo de los metales de tierras raras . Óxido de europio está bastante ampliamente utilizado como un aditivo para mejorar la eficiencia de fósforo rojo en monitores de televisión y de ordenador . También se utiliza para aumentar la eficiencia energética de las lámparas fluorescentes .

GADOLINIO
Número atómico : 64
Símbolo químico : Gd

Grupo de elementos de tierras raras IIIA (lantánidos)

Dos isótopos de gadolinio son algunos de los amortiguadores más potentes de neutrones. Aunque sus límites de escasez usan , se usan en la fabricación de barras de control para reactores nucleares . Es significado ferromagnético que está muy fuertemente atraído por los imanes . Sin embargo, su punto de Curie , la temperatura a la cual el material magnético pierde su magnetismo es de aproximadamente la temperatura ambiente . Se ha demostrado de valor en una técnica de sondeo el interior de metales llamada radiografía de neutrones . Se utiliza en las industrias de líneas aéreas y de construcción naval para buscar vicios ocultos y defectos estructurales en los cascos y fuselajes .

terbio
Número atómico : 65
Símbolo químico : Tb
Grupo III B elemento de tierras raras (lantánidos)

En una forma metálica pura , terbio es un color blanco plateado , maleable , dúctil y lo suficientemente suave para ser cortado con un cuchillo . Se tiene un parecido a conducir , pero es mucho más pesado. Al igual que el plomo es bastante resistente a la corrosión. Los compuestos de terbio tienen usos funda en los láseres especiales y como fósforos que producen el color verde en los tubos de televisión y monitores de ordenador . Otras aplicaciones incluyen la producción de aleaciones con propiedades magnéticas especiales para el uso en discos compactos y en la fabricación de pantallas de rayos X de alta definición .

disprosio
Número atómico : 66
Símbolo químico : Dy
Grupo III B elemento de tierras raras (lantánidos)

Disprosio ocupa el noveno lugar en abundancia entre los elementos de tierras raras en la corteza terrestre . Fue descubierto en 1886 por el químico francés Paul -Emile Lecoq de Boisbaudran en una muestra de óxido de erbio . Él basó su nombre en griego dysprositos palabra que significa difícil de alcanzar. Disprosio puro no estaba disponible hasta 1950 cuando se desarrollaron las técnicas químicas modernas, tales como la separación de intercambio iónico. El disprosio se asemeja a la mayoría de los otros metales de tierras raras . Es lo suficientemente suave para ser cortado con un cuchillo , tiene un color plateado brillante y es relativamente estable en el aire .

HOLMIUM
Número atómico : 67
Símbolo químico : Ho

Grupo III B elemento de tierras raras (lantánidos)

En 1878 , dos científicos suizos notaron líneas espectrales características de holmio , pero no pudieron identificarlos. Llamaron a la fuente desconocida de las líneas espectrales elemento X. Poco despúes, en 1879 el químico sueco Per Teodor Cleve aislado e identificado el elemento mientras se trabaja con un mineral llamado erbia . Holmio metálico puro , que no estaba disponible hasta hace muy poco tiene un color plateado brillante. Es bastante resistente a la corrosión en el aire seco , pero empaña rápidamente en aire húmedo que forma un óxido amarillento. Aparte de su uso como un color para el vidrio , que tiene pocas aplicaciones comerciales .

ERBIUM
Número atómico : 68
Símbolo químico : Er
Grupo III B elemento de tierras raras

Erbio fue descubierto por Carl Gustaf Mosander en un óxido de color amarillo que se aisló de la itria mineral. Mosander llamado el elemento de la aldea sueca de Ytterby el sitio de grandes concentraciones de óxido de itrio y erbio . Las principales fuentes de erbio son la xenotima minerales y euxerite . Erbio , así como otros elementos de tierras raras es en realidad una impureza en estos minerales . Las aplicaciones comerciales de erbio son más bien limitadas . Sus óxidos se agregan a menudo a los esmaltes de vidrio y esmalte para colorearlos rosa . El vidrio se utiliza a menudo para gafas de sol y joyas de poco valor .

TULIO
Número atómico : 69
Símbolo químico : Tm
Grupo IIIB elemento de tierras raras (lantánidos)

Tulio es un elemento de tierras raras que es extremadamente escasa . Se produce en cantidades muy pequeñas en la compañía de otras tierras raras . El químico sueco Per Teodor Cleve descubrió el elemento en 1879 y la llamó por Thule , el antiguo nombre de Escandinavia. La principal fuente de tulio es la monacita mineral que consta de aproximadamente 7/1000 de 1 % tulio . Tiene pocas aplicaciones comerciales aparte de ser utilizado en los láseres . Es caro, pero muy poco del metal está disponible para la experimentación .

iterbio
Número atómico : 70
Símbolo químico : Yb
Grupo III B elemento de tierras raras (lantánidos)

Iterbio , el primer elemento raro para ser descubierto se encuentra en abundancia modesta en la corteza terrestre y siempre en la compañía de tierras raras. Fue descubierto por el químico francés Jean de Marignac en 1878 como un componente del mineral conocido como erbia y el nombre de la localidad sueca de Ytterby sobre la base de su alta concentración de erbio . Metales iterbio puro no estaba disponible para el estudio hasta 1953. Sus aplicaciones comerciales son como agente de aleación con el acero inoxidable . Ciertas aleaciones también se han utilizado en la odontología .

lutecio
Número atómico : 71
Símbolo químico : Lu
Grupo III B elemento de tierras raras (lantánidos)

Aunque nunca se publicó formalmente sus resultados , químico EE.UU. Charles James ahora se considera haber descubierto lutecio en 1907. Trabajar durante el 1900 en la Universidad de New Hampshire, James se convirtió en una fuerza importante en la producción de elementos de tierras raras. Él y sus estudiantes procesaría toneladas de mineral y el trabajo a través de cristalizaciones para producir una sola muestra. Lutecio de metal puro es difícil y costoso de preparar. Es el más difícil y el elemento de tierra rara pesada . No hay aplicaciones comerciales se han desarrollado .

hafnio
Número atómico : 72
Símbolo químico : Hf
Grupo IV B Transición Element

Propiedades de hafnio , así como su historia están muy relacionados con circonio. Muchos habían predicho la existencia de elemento 72 , pero la omnipresencia de su gemelo químico interferido con su identificación. El uso principal del hafnio se basa en una de sus pocas diferencias con circonio. Su capacidad de absorber neutrones térmicos hace que sea un material útil para las barras de control del reactor . Las principales ventajas de hafnio en comparación con otros materiales de vástago es su fuerza y resistencia a la corrosión . Por desgracia, en un reactor de bastante grande el coste de barras de hafnio puede ser de $ 1 millón o más .

TANTALUM
Número atómico : 73
Símbolo químico : Ta
Grupo VB elemento de transición

El tantalio es un metal muy duro y muy pesado. Su inercia química hace tántalo altamente resistente al ataque de sustancias en el cuerpo humano . Esto ha llevado a una gran cantidad de aplicaciones en cirugía dental y médico. Tantalio como agente de aleación contribuye resistencia a la corrosión , ductilidad , dureza y un punto de fusión mayor a una variedad de otros metales . Sin embargo, otro uso importante de tántalo es en la construcción de pequeñas pero potentes condensadores electrolíticos . Estos condensadores son especialmente útiles en los circuitos electrónicos en miniatura que se encuentra en el corazón de los dispositivos tales como teléfonos celulares y computadoras.

TUNGSTENO
Número atómico : 74
Símbolo químico : W
Grupo VIB elemento de transición

Uno de los usos más importantes de tungsteno es en la fabricación de filamentos para la bombilla común. El tungsteno tiene el punto de fusión más alto -3.410 grados C y el más alto punto de ebullición 5900 ° C - de cualquier metal . Las aplicaciones de alta temperatura de la gama de tungsteno a partir de elementos de calentamiento en calentadores eléctricos para las boquillas en los motores de cohete de vehículos espaciales . Electricidad que fluye a través de un alambre enrollado de tungsteno produce suficiente calor para hacer el cable blanco caliente. Para evitar que el metal sobrecalentamiento gases inertes tales como nitrógeno y argón están encerrados en el bulbo que contiene un filamento de tungsteno .

RENIO
Número atómico : 75
Símbolo químico : Re
 Grupo VIIB elemento de transición

Renio uno de los más raros de los elementos se descubrió en los minerales de platino por los químicos alemanes Ida Tacke , Walter Nodack y Otto Carl Berg en 1925. Es un metal extremadamente denso con un brillo de color gris plateado y un punto de fusión superado sólo por tungsteno y carbono . Esta es la base para el uso de renio en combinación con tungsteno para hacer termopares para medir temperaturas de hasta 2000 grados C. El renio se utiliza principalmente como un agente de aleación para la fabricación de metales que son resistentes al desgaste tales como los requeridos para los contactos del interruptor eléctrico y electrodos .

OSMIUM
Número atómico : 76
Símbolo químico : S
Grupo VIIIB elemento de transición

Debido a que el metal puro es difícil de hacer , osmio se fabrican a menudo como un polvo que se forma después en masa sólida por calentamiento . El polvo oxida en el aire y se emite lentamente como un fuerte olor a gas tóxico capaz de causar daño a los pulmones y la piel. La emisión de su gas venenoso óxido hace que el uso de metal osmio poco práctico . Como aditivo de aleaciones sin embargo, es bastante seguro y se utiliza principalmente para hacer aleaciones duras con metales como el platino y el iridio. Estas aleaciones se utilizan para los contactos de conmutación eléctrica , agujas de fonógrafo y consejos pluma estilográfica .

IRIDIUM
Número atómico : 77
Símbolo químico : Ir
Grupo VIII B Transición Elemento

El iridio es un metal precioso blanco amarillento quebradizo. Se encuentra generalmente en los minerales que contienen platino o níquel. Que lo separa de estos minerales es una tarea laboriosa y costosa que se justifica sólo por la recuperación simultánea de platino y níquel. La principal aplicación de iridio es como un aditivo para la creación de aleaciones de platino que aumentan la dureza de este último de metal . Resistencia de Iridium a la corrosión hace que sea también útil en la fabricación de artículos que requieren pureza absoluta tales como agujas hipodérmicas y motores de cohetes .

PLATINUM
Número atómico : 78
Símbolo químico : Pt
Grupo VIII B Transición Element (metales preciosos)

Muchos usos de platino se aprovechan de su estabilidad química y la inercia . Se utiliza en la refinación de petróleo , la odontología , la industria de la cerámica , la industria eléctrica y electrónica, y es muy apreciada en la fabricación de joyas. El platino también es útil para la industria del automóvil . Ayuda a las reacciones químicas que limpian de escape procedentes de los motores de los automóviles , la conversión de monóxido de carbono y combustible no quemado en agua y dióxido de carbono. Además una barra de aleación de iridio - platino sirve como el estándar mundial para el kilogramo , la unidad básica de masa en el sistema métrico decimal.

GOLD
Número atómico : 79
Símbolo químico : Au
Grupo de elementos de transición IB (metales preciosos)

El oro se cotiza en las bolsas de comercio y las fluctuaciones en su precio se considera como un índice de la salud de la economía. Es el más dúctil y maleable de todos los metales . Porque es también uno de los más reactivos , puede sostener su lustre brillante . En la naturaleza el oro se encuentra generalmente como un metal puro , a menudo como pepitas o escamas. Su pureza se mide como quilates . El oro puro se dice que es de oro de 24 quilates. Debido a que es muy suave , sin embargo , la mayoría de la joyería de oro es de 18 quilates de oro.

MERCURY
Número atómico : 80
Símbolo químico : Hg
Grupo II B Transición Element

El mercurio es el único metal que es líquido a temperatura ambiente y sigue siendo un líquido a través de una muy amplia y conveniente gama de temperaturas . Algunos productos comunes del hogar que contienen mercurio son termómetros , barómetros , termostatos, interruptores de pared mudo y lámparas fluorescentes . Aplicaciones industriales de mercurio incluyen bombas de difusión y las lámparas de vapor de mercurio que generan las luces blancas azuladas de alumbrado público. Otra propiedad útil de mercurio es su capacidad para disolver otros metales para formar aleaciones conocidas como amalgamas . Los dentistas suelen utilizar la amalgama de plata - mercurio para llenar los dientes.

TALIO
Número atómico : 81
Símbolo químico : Tl
Grupo III A Post- Transición metal

Una fuente común de talio es zinc y refinación del plomo . Este metal maleable y pesado es bastante activo y corroe lentamente en el aire . Talio y sus compuestos son extremadamente tóxicos y no hay evidencia de que puede producir cáncer . Incluso en contacto con la piel puede ser peligroso aunque en concentraciones extremadamente bajas de talio se ha utilizado en el tratamiento de la tiña . Sulfato de talio es un veneno inodoro e insípido que se utilizó anteriormente para matar ratas e insectos , pero ahora se ha prohibido en varios países.

LEAD
Número atómico : 82
Símbolo químico : Pb
Grupo IV A

El plomo es un metal muy maleable que puede ser fácilmente trabajado para elaborar utensilios de todo tipo. Monedas de plomo y la escultura se han encontrado en tumbas egipcias que datan de 5000 aC . Se utiliza principalmente para fabricar electrodos de baterías de acumuladores de plomo. El plomo es también un componente importante de la soldadura utilizada para realizar las conexiones eléctricas en las placas de circuito en las computadoras y televisores. Pantallas de vidrio de televisores contienen plomo para proteger al espectador de la radiación. De hecho, cada televisor contiene casi la mitad de una libra de plomo.

BISMUTH
Número atómico : 83
Símbolo químico : Bi
Grupo VA poste de metal de transición

El bismuto es un metal quebradizo blanco que tiene un tinte amarillento ligero . El compuesto de bismuto subnitrato se ha utilizado como un antiácido en el tratamiento de las úlceras . Óxido de bismuto es un pigmento amarillo popular utilizado en los cosméticos. Al igual que el bismuto de agua es una de las pocas sustancias que se expande cuando se cambia de líquido a sólido . Esta propiedad se utiliza para hacer aleaciones cuyo volumen se mantiene constante cuando se solidifican . Metales aleado con bismuto se pueden utilizar para moldes y moldes que retienen sus dimensiones exactas incluso cuando se llena con metales fundidos .

POLONIO
Número atómico : 84
Símbolo químico : Po
Grupo VI un metaloide

El descubrimiento del polonio por Marie y Pierre Curie en 1898 define uno de los grandes momentos de la historia de la ciencia conduce a la concepción moderna del núcleo atómico y la comprensión de su estructura. El polonio tiene 27 isótopos conocidos y todos ellos son radiactivos . La más fácilmente disponible es el polonio 210 , un metaloide plateado que es bastante volátil y 100.000 veces más tóxico que el cianuro . En los laboratorios radiológicos el isótopo mezclado con berilio en polvo se utiliza a menudo para producir grandes cantidades de neutrones y sin el uso de un reactor nuclear .

astato
Número atómico : 85
Símbolo químico : En
Grupo VII A los halógenos

Existen de forma natural pequeñas cantidades de astato como los productos de desintegración del uranio y el torio. El astato fue producido por primera vez en 1940 por un equipo de radioquímicos al bombardear bismuto con partículas alfa. Sólo alrededor de 1 millonésima parte de un gramo de astato en realidad se ha producido de forma artificial y , por tanto, no es sorprendente que poco se sabe sobre sus propiedades. Su química debe ser bastante similar a la de yodo aunque hay alguna evidencia de que puede ser ligeramente más metálico .

RADON
Número atómico : 86
Símbolo químico : Rn
Grupo VIII A Los gases nobles

El radón se produce como uno de los productos por de la desintegración radiactiva del uranio y el torio . El radón -222 , la más larga duración isótopo se encuentra en concentraciones de gas sustanciales sa en el suelo debido a trazas de uranio están presentes en la corteza terrestre . A pesar de que está creciendo , el tabaco está sujeta a la contaminación por radón del suelo y los fertilizantes fosfatados ricos de uranio utilizado por los plantadores . Cuando se quema el tabaco en un cigarrillo , el humo inhalado somete el fumador a niveles de radiación 1.000 veces mayor que las que se encuentran por un trabajador en una planta de energía nuclear .

francio
Número atómico : 87
Símbolo químico : Fr
Grupo I A Los metales alcalinos

Francio es el más pesado de los metales alcalinos y uno de los más conocidos inestable . Todos sus isótopos son radiactivos sin embargo, incluso la más larga duración de isótopos de francio -223 tiene una vida media de sólo 21 minutos . De sus 30 isótopos conocidos , sólo existe francio 223 en la naturaleza. Todos los otros isótopos del francio son producidos artificialmente en los aceleradores y reactores nucleares y son demasiado inestables para ser estudiado en profundidad. El elemento fue descubierto en 1939 por Marguerite Perey de trabajo en el Instituto Curie en París. Se llama así por el país en el que se descubrió .

RADIUM
Número atómico : 88
Símbolo químico : Ra
Grupo II A- Los metales de tierras alcalinas

Radium fue descubierto por Marie y Pierre Curie en 1898. Para el descubrimiento del radio y el polonio , Marie Curie recibió el Premio Nobel de Química . Era su segundo , que había compartido la primera con su esposo y Henri Becquerel en 1903 por el descubrimiento de la radiactividad.
De metal radio puro tiene un color blanco brillante y es tan luminiscente que brilla en la oscuridad ya que emiten un color azul pálido . El radio se utiliza en muchas instalaciones médicas para generar el gas radón radiactivo que se utiliza para la terapia del cáncer .

ACTINIO
Número atómico : 89
Símbolo químico : Ac
Grupo III B Transición Element (El actínidos)

Actinio es un elemento radioactivo natural producida por la desintegración radiactiva de los elementos radio y torio larga vida . Cantidades muy pequeñas de que se han producido artificialmente y tiene una aplicación comercial muy limitada. Sus propiedades químicas parecen a los de lantano . También como de lantano , que es el primero en una serie de elementos llamados los actínidos que son análogas a lantánidos . Al igual que las tierras raras , estos elementos añadir electrones a un orbital interior y en consecuencia, tienen propiedades físicas y químicas similares .

TORIO
Número atómico : 90
Símbolo químico : Th
Grupo IIIB Transición Element (El actínidos)

El torio es un metal blanco plateado radiactivo que empaña muy lentamente cuando se expone al aire . Arena de monacita algunos de los cuales se encuentra en las playas de Florida puede contener hasta 10 % de torio . A pesar de su radiactividad , torio y sus compuestos tienen varias aplicaciones comerciales. Sirve como un emisor eficiente de electrones para dispositivos electrónicos . La luz brillante que su óxido emite mientras se quema también lo hace útil en la fabricación de determinadas lámparas de gas portátiles. El torio 232 , un isótopo con una vida media de 14 mil millones años muestra una gran promesa de convertirse en una fuente de energía nuclear en el futuro .

protactinio
Número atómico : 91
Símbolo químico : Pa
Grupo III B Transición Element (El actínidos)

Es uno de los más escaso y más caro de todos los elementos existentes naturalmente . Sólo unos pocos cientos de gramos están disponibles para el estudio. Esta escasa cantidad fue producida en gran parte en Inglaterra hace unos 30 años en la que se extrae de 60 toneladas de mineral con un costo de medio millón de dólares . No se sabe mucho acerca de sus propiedades físicas y químicas. Es un metal blanco plateado con un lustre brillante que pierde muy lentamente en el aire a través de la oxidación. También se sabe que es muy tóxico .

URANIO

Número atómico : 92
Símbolo químico : U
Grupo III B Transición Element (El actínidos)

El uranio es el último y el más pesado de los elementos presentes en la naturaleza .
Descubierto en 1841 , fue el primer elemento radiactivo no ser identificado. A finales de
1930 a través de experimentos con uranio científicos alemanes Lise Meitner y Otto
Hahn observaron un proceso que fue reconocido más adelante para ser una fisión
nuclear. La capacidad de los neutrones liberados durante la fisión del núcleo de uranio
a sí mismos dividió otros núcleos de uranio fue rápidamente utilizados por los
científicos para crear una reacción en cadena auto-sostenible . Cuando se controla ,
esta reacción produce la energía se obtiene de los reactores nucleares . Cuando no
controlada que puede crear una explosión atómica .

Neptunio
Número atómico : 93
Símbolo químico : Np
Grupo III B Transición Element (El actínidos)

El neptunio fue el primer elemento transuránicos producida artificialmente . Trabajar en
el ciclotrón de la Universidad de California en Berkeley en 1940 , los físicos
estadounidenses Edwin McMillan y Philip Abelson producen neptunio bombardeando el
uranio con neutrones. Ahora se sabe que existen realmente cantidades de trazas de
neptunio D en la naturaleza como el resultado de las acciones de los neutrones en el
elemento de uranio . Actualmente 18 isótopos del neptunio se han producido todos
ellos radioactive.The más importante y el primero en ser producido era el neptunio 237
con una vida media de 2,1 millones de años.

PLUTONIUM
Número atómico : 94
Símbolo químico : Pu
Grupo III B Transición Element (El actínidos)

El plutonio tiene 15 isótopos conocidos todos ellos radiactivos. Plutonio 239 es el más
importante porque fisiona fácilmente al ser bombardeado por neutrones térmicos. Al
igual que el uranio 235 , los núcleos de sus átomos se dividen en dos núcleos de
tamaño intermedio (llamados fragmentos de fisión) se liberan grandes cantidades de
energía y la producción de más neutrones para mantener una reacción en cadena .
Mezclado con el berilio en polvo, que es una fuente eficaz de neutrones para el trabajo
científico . El plutonio puede ser producido en grandes cantidades en los reactores
nucleares . Su abundancia ha convertido en la opción número uno para las armas
nucleares .

AMERICIO
Número atómico : 95
Símbolo químico : Am
Grupo III B Transición Element (El actínidos)

Fue descubierto en 1944 por un equipo de químicos , bajo la dirección del equipo de Glenn Seaborg.His producido americio -241 , uno de los 14 isótopos conocidos todos los cuales son radiactivos . Americio 241 se hace en grandes cantidades en los reactores nucleares . Los rayos gamma que emite intensos hace que sea muy útil como una fuente portátil de rayos-X. También se utiliza en los detectores de humo .

CURIUM
Número atómico : 96
Símbolo químico : Cm
Grupo III B Transición Element (El actínidos)

El curio es un metal blanco plateado que es muy reactivo . El primero de sus 14 isótopos conocidos que se descubrirá era el curio 242. Curio 242 y el curio 244 han sido utilizados como fuentes de energía en zonas remotas. La radiación de estos isótopos emiten se puede convertir en calor y luego en electricidad por los dispositivos termoeléctricos . A pesar de que tiene una vida media relativamente corta , la potencia de salida de curio 242 es impresionante es decir, aproximadamente dos a tres vatios por gramo . Estas unidades compactas son útiles para los marcapasos , boyas de navegación remota y misiones espaciales .

BERKELIUM
Número atómico ; 97
Símbolo químico : Bk
Grupo III B Transición Element (El actínidos)

Fue descubierto en la UC Berkeley en 1949 por un equipo formado por George Seaborg , Stanley Thompson y Albert Ghiorso y fue nombrado después de la ciudad . Se sintetizaron usando un ciclotrón para bombardear una muestra de americio 241 con partículas alfa . Usando Berkelium 249 , que era posible en 1962 para producir 3000000000ma de un gramo de cloruro de Berkelium . No hay aplicaciones comerciales o científicos aún no se han desarrollado .

californio
Número atómico ; 98
Símbolo químico : Cf
Grupo III B Transición Element (El actínidos)

Fue descubierto por un equipo de químicos utilizando un ciclotrón para bombardear el curio 242 con partículas alfa . El californio isótopo 252 nombrado por el Estado de California emite espontáneamente neutrones. Las fuentes de neutrones son ocasionalmente difíciles de conseguir . Ya sea se requiere un reactor nuclear o algún emisor altamente radiactiva de partículas alfa como el plutonio se debe mezclar con el polvo de berilio. El descubrimiento de una fuente de neutrones extremadamente portátil sugiere muchas aplicaciones posibles para 252.It californio pueden ser fácilmente tomadas en los campos para el análisis de las capas petrolíferas de la tierra o para la explotación minera de oro y plata.

einsteinium
Número atómico : 99
Símbolo químico : Es
Grupo III B Transición Element (El actínidos)

Albert Ghiorso y sus colaboradores descubrieron este elemento en 1952 mientras investigaba los escombros de la explosión de una bomba de hidrógeno en los isótopos Pacific.16 se conocen , el einsteinium ser más estable 254 con una vida media de 252 días. La mayoría de estos isótopos se han producido en el alto flujo de isótopos del reactor en el Laboratorio Nacional de Oak Ridge en Tennessee por la irradiación de plutonio 239 con intensos haces de neutrones.

fermio
Número atómico : 100
Símbolo químico : Fm
Grupo III B Transición Element (El actínidos)

Como einsteinium , Fermio fue identificado en 1952 por Ghiorso y compañeros de trabajo en los escombros de la explosión de una bomba de hidrógeno en el Pacífico. Los isótopos de fermio nombre de Enrico Fermi se sintetizan habitualmente por elementos como el uranio y el plutonio a un intenso bombardeo de neutrones sometiendo . En un entorno de neutrones ricos , un elemento tal como el uranio puede someterse a la captura de neutrones sucesiva a menudo absorber tanto como 16-17 neutrones para producir los elementos transuránicos pesados .

mendelevio
Número atómico : 101
Símbolo químico : Md
Grupo III B Transición Element (El actínidos)

El elemento transuránicos artificial noveno llamado así por Dmitri Mendeleyev fue descubierto en 1955 por un grupo de científicos bajo Albert Ghiorso . Continuando con su búsqueda de elementos cada vez más pesados que el equipo utiliza el ciclotrón de Berkeley para bombardear einsteinium 253 con partículas alfa (núcleos de helio) y, finalmente, fabricado mendelevio 256. Las pequeñas cantidades hacen su identificación muy difícil. A menudo se dice que este elemento se sintetizó un átomo a la vez. Traza Solamente cantidades de isótopos mendelevium se han hecho y poco se sabe de su química.

nobelio
Número atómico : 102
Símbolo químico : No
Grupo III B Transición Element (El actínidos)

En la creación de nobelium 254, Ghiorso y sus colegas bombardearon una muestra de curio 246 con iones de carbono 12 utilizando el Iones Pesados Acelerador Lineal . 11 isótopos Hasta ahora se han sintetizado y todos son radiactivos. Nobelio 259 es el más longevo con una vida media de 57 minutos. Llamado así por Alfred Nobel , se ha producido en cantidades lo suficientemente grandes como para permitir el estudio de sus propiedades químicas y físicas.

Lawrencium
Número atómico : 103
Símbolo químico : Lr
Grupo III B (Los actínidos)

Continuando con su impresionante serie de descubrimientos , los científicos de Berkeley sintetizan y se aislaron lawrencium en 1961 mediante el bombardeo de una mezcla de 3 isótopos del californio con boro 10 y boro 11 iones utilizando Iones Pesados Acelerador Lineal . El objetivo pesa sólo unos pocos millonésima parte de un gramo sin embargo, el equipo logró fabricar lawrencio 258 con una vida media de 4 segundos . Fue nombrado en honor de Ernest O.Lawrence , el inventor del ciclotrón .

rutherfordio
Número atómico : 104
Símbolo químico : Rf
Grupo IV B A transactinide

Una historia de reclamos que compiten confundir el nombramiento de elemento 104 . El equipo de Berkeley , así como un grupo originario de Rusia alegaron crédito para el elemento 104 . La afirmación estadounidense ganó el día. Lleva el nombre de el neozelandés Ernest Rutherford !

dubnium
Número atómico : 105
Símbolo químico : Db

Grupo VB Un transactinide .

Reclamaciones en disputa de su descubrimiento han plagado el elemento 105 . En 1970 Ghiorso y su equipo de Berkeley bombardeados californio 249 con nitrógeno pesado 15 iones e identificaron positivamente el elemento al que llamaron después Otto Hahn y obtuvieron el aval de la Sociedad Química Americana . Sin embargo , en 1997 la IUPAC decidió t cambia el nombre a Dubnium . Sus propiedades químicas y físicas son desconocidos.

seaborgio
Número atómico : 106
Símbolo químico : Mx
Grupo VI B A transactinide

Al igual que los otros dos elementos en disputa , la pretensión del descubrimiento del elemento 106 , junto con el derecho de nombrar era un tema de disputa. En 1974 , un equipo de Rusia declaró que se habían producido unnilhexium . Debido a que los experimentos no pudieron confirmar su resultado, su reclamación estaba en duda . Casi al mismo tiempo , los científicos de Berkeley reportaron el descubrimiento de unnilhexium 263 después de bombardear californio 249 con oxígeno 18 . En 1993 , los científicos de los Laboratorios Lawrence Livermore en Berkeley y repitieron el experimento y se confirmó el resultado. Fue nombrado en honor a Glenn Seaborg .

Bohrium
Número atómico : 107
Símbolo químico : Bh
Grupo VII B A transactinide

En 1981, la creación de unnilseptium fue anunciada por los físicos que trabajan en Darmstadt, Alemania, en el GSI . El equipo propuso el nombre nielsbohrium después de Neils Bohr. Sus demandas de investigación fueron confirmadas en 1992 por la IUPAC . En 1997 , se cambió el nombre a bohrium .

hassium
Número atómico : 108
Símbolo químico : Hs
Grupo VIII B A transactinide

En 1984 un equipo dirigido por Peter Ambruster y Gottfried Münzenberg anunció el descubrimiento de unniloctium , el elemento 108 . Este fue el mismo equipo que había sintetizado bohrium . El nombre que propusieron fue hassium después haasia el nombre en latín para el estado alemán de Hesse . En 1992, la IUPAC confirmó los hallazgos y el nombre . Las propiedades químicas y físicas son desconocidos.

Meitnerium
Número atómico : 109
Símbolo químico : Mt
Grupo VIII B A transactinide

En 1982 , el equipo de Darmstadt anunció el descubrimiento del elemento 109 bombardeando bismuto 209 con alto contenido de hierro de la energía 58 iones. Por increíble que pueda parecer sólo 3 átomos fueron creados y que decayeron en cuestión de 3,4 milésimas de segundo. Ellos propusieron ponerle el nombre de Lise Meitner quien había descrito el puño de la fisión nuclear , junto con Otto Hahn .

UNUNNILIUM
Número atómico : 110
Símbolo químico ; Uun
Grupo VIII B A transactinide

Después de casi 10 años, los científicos internacionales que trabajan en el GSI en Alemania crearon con éxito cuatro o cinco átomos de un nuevo elemento 110 . El uso de un gran acelerador de conducir átomos de níquel a altas velocidades bombardearon una fina lámina de plomo con estos átomos se mueven rápidamente de níquel. El nuevo elemento se rompe rápidamente aparte y se desintegra en átomos más ligeros. Fue detectado por los 4 partículas alfa que emite durante su proceso de descomposición.

Unununium
Número atómico : 111
Símbolo químico : Uuu
Grupo IB A transactinide

Las propiedades químicas del elemento 111 no se conocen . Ya que se encuentra en la misma columna que el oro y la plata es presumiblemente un metal . Si se acelera por átomos de níquel a altas velocidades de investigadores alemanes bombardearon bismuto con estos movimientos rápidos átomos de níquel . La identificación de este elemento es importante, ya que apoya la teoría de que existe una ' isla de estabilidad ' de elementos cercanos a elemento 114 . El elemento tiene una vida media alrededor de 8 veces mayor que la de ununnilium .

UNUNBIIUM
Número atómico : 112
Símbolo químico : Uub

Grupo II B A transactinide

En febrero de 9,1996 GSI en Alemania , anunció la creación del elemento 112 de todo el crédito al equipo internacional bajo Pedro Ambruster . Habían bombardeado átomos de zinc que habían sido aceleradas a altas velocidades con balas de movimiento rápido de plomo. Durante la colisión de un átomo de zinc logró fusionar con el átomo de plomo.

ununquadium
Número atómico : 114
Símbolo químico : Uuq
Grupo IB A Transcatinide

En 1999 un equipo de científicos del Instituto Conjunto de Investigación Nuclear en Rusia anunció la creación de un nuevo metal ultra- pesado. El equipo utiliza un ciclotrón para bombardear el plutonio 244 con un haz de calcio 48 núcleos . Después de unos 40 días de bombardeo , un núcleo con 20 protones Calicium fusionados con núcleo de plutonio con 94 protones producir un elemento con 114 protones. Aunque inestable sobrevivió un tiempo relativamente largo .

La voluntad de encontrar respuestas ocultas de la naturaleza no ha disminuido . La búsqueda se mantiene para la búsqueda cada vez continua de nuevos elementos superpesados . La fuerza impulsora detrás de este esfuerzo es la búsqueda del conocimiento que iniciará una rica nuevo campo de estudio de las propiedades nucleares y químicas de los elementos.

También hay una motivación más utilitaria para la búsqueda de los elementos que componen la isla de la estabilidad . Muchos científicos creen que , por ejemplo, que estos nuevos elementos formarán materiales inusuales con propiedades exóticas nunca antes vistos . Las respuestas que se buscan en este esfuerzo son de importancia fundamental para nuestra comprensión del universo .

www.ingramcontent.com/pod-product-compliance
Lightning Source LLC
Chambersburg PA
CBHW070723180526
45167CB00004B/1590